太空學院

我是_{勇敢}太空人

小小實習生

太空學院

學生證

姓名：.....................................

小小實習生
我是勇敢太空人

作　　者：凱瑟琳‧阿爾德 (Catherine Ard)

繪　　圖：莎拉‧勞倫斯 (Sarah Lawrence)

翻　　譯：羅睿琪

責任編輯：張雲瑩

美術設計：張思婷

出　　版：新雅文化事業有限公司

　　　　　香港英皇道499號北角工業大廈18樓

　　　　　電話：(852) 2138 7998

　　　　　傳真：(852) 2597 4003

　　　　　網址：http://www.sunya.com.hk

　　　　　電郵：marketing@sunya.com.hk

發　　行：香港聯合書刊物流有限公司

　　　　　香港荃灣德士古道220-248號荃灣工業中心16樓

　　　　　電話：(852) 2150 2100

　　　　　傳真：(852) 2407 3062

　　　　　電郵：info@suplogistics.com.hk

版　　次：二〇二二年六月初版

ISBN: 978-962-08-7946-3

Original Title: *Astronaut in Training*

First published 2018 by Kingfisher

an imprint of Pan Macmillan

Copyright © Macmillan Publishers International Limited 2018

Traditional Chinese Edition © 2022 Sun Ya Publications (HK) Ltd.

18/F, North Point Industrial Building, 499 King's Road, Hong Kong

Published in Hong Kong, China

Printed in China

我是勇敢太空人

小小實習生

凱瑟琳·阿爾德 著

莎拉·勞倫斯 繪

新雅文化事業有限公司
www.sunya.com.hk

太空學院

課程大綱

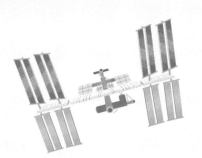

理論課	在**理論課**中，你會學到很多重要知識。
實習課	在**實習課**裏，你需要完成任務，或是學習太空人的技能。

當你完成理論課或實習課後，便可以在相應的位置上寫上剔號。

訓練開始！

你認為你能夠成為一位太空人嗎？你面對危險時能不能保持冷靜？你擅長修理東西嗎？你是不是勇敢又富有冒險精神？如果以上皆是，恭喜你！你已經獲選，可以進行太空人的訓練了。

體能訓練

作為見習太空人，你必須每天運動2小時。你要保持身體健康強壯，才能穿上沉重的太空衣，進行長達6小時的太空漫步。

學習俄語

你將會乘坐一艘俄羅斯的火箭升空，因此你需要懂得閱讀火箭控制器上的俄語文字，還要明白身處俄羅斯任務控制中心的工作人員所發出的指示。

我們就從練習這些俄語字詞開始吧！

俄語：Привет
讀音：pree-vyet
意思：你好

俄語：Нет
讀音：nyet
意思：不

俄語：Да
讀音：da
意思：是

俄語：Пока
讀音：pa-ka
意思：再見

俄語使用的字母跟英語的並不相同。

你要有極強的忍耐力，且不易反胃！

顛簸的旅程

快來坐上特殊的飛機，體驗有如過山車一般翻天覆地的旅程吧！隨着飛機在空中上下穿梭，你會感到輕飄飄的，就像你在太空一樣。不過上飛機前，謹記不要吃午餐，因為太空人都將這架飛機叫作「嘔吐彗星」！

急救王牌

太空裏沒有醫院，因此如果你或同伴生病或受傷了，你只能自己照料自己及他們。

請在這兩幅圖畫中找出 3 個不同之處。

實習課 1

請剔這裏

通過

進階訓練

做得好！你以最高分通過了第一部分的訓練了，現在你可以進行下一部分的訓練了。

火箭訓練室

這個訓練室讓你駕駛火箭，且不用離開地面！太空人會利用模擬器來熟習太空船的控制系統，這個模擬器是根據太空船的實際大小製造的。太空人也會在這裏學習應付在太空裏可能發生的緊急情況。

美國太空總署內的模擬器

虛擬實境

只要你戴上虛擬實境頭盔，就可神奇地瞬間轉移到太空站。你可以參觀太空站裏不同的區域，並且練習在太空任務中需要完成的工作。

虛擬實境頭盔

零重力訓練

水中太空漫步

現在來穿上太空衣，跳進巨型的泳池中！在水底四處移動是很好的訓練，這有助你適應在太空裏會感到的飄浮感覺。

下次去游泳時，試試像太空人一樣在水中漫步吧。

高速旋轉器

現在來坐上離心機，盡情旋轉吧！離心機就像一部超級高速的機動遊戲，上面只有一個座位。在你快速轉來轉去的時候，你會被往後推向座位上，而你的頭部和身體會感到沉重得可怕，這正是太空人結束太空任務後猛然俯衝、返回地球時的感受。

抓緊！坐穩！

在地球表面與太空之間有一層空氣，稱為大氣層。

太空裏沒有空氣，太空人需要等上太空衣來幫助他們呼吸。

國際太空站位於地球上空約 350 公里。

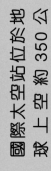

太空火箭只需要花 2 分鐘，便能抵達太空的起始。

350 公里

熱氣球會上升至這個高度，並隨風飄蕩。這裏的空氣會較冷。

珠穆朗瑪峯的峯頂是地球上最高的地方，在這個高度，如果不戴上氧氣罩便難以呼吸。

飛行高度最高的飛機能夠完成前往太空的四分之一路程。

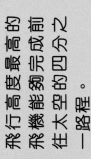

理論課 1

太空在哪裏？

在展開太空任務之前，你需要了解你將要前往的地方——太空位於你頭上很遠以外的地方。

100 公里

21 公里

8,848 公里

閃爍的星空

現在請你小休一會，來凝望布滿閃爍星星的夜空吧。有些星星自成一組，在天空中形成各種形狀，我們將這些形狀，稱為星座。

星星連連看

很久以前，人們以故事中的英雄和動物來為星座命名。你能在大圖中找出以下這些星座嗎？

| 天鵝座 | 天蠍座 | 獅子座 | 獵戶座 | 武仙座 |

蛾眉月

半月

滿月

新月

弦月

凸月

🌙 **凝視月球**

月球圍繞地球旋轉，其實完整的月球一直在天空上，但我們往往只能看見月球的一部分，因此月球看起來彷彿會改變形狀。

請抬頭看看，今晚的月亮是什麼形狀的呢？

準備升空！

太好了！發射升空的日子終於來到了。在你一飛沖天、邁向太空之前，還有很多事情要做呢！還等什麼？倒數升空的時鐘已經滴答滴答地跳動了……

地面檢查

就在地面工作人員和控制室忙於檢視天氣情況及準備好發射火箭之際，你也會非常忙碌呢。

升空前工作清單

 ○ 接受媒體記者的訪問

 ○ 穿上發射及着陸時需要穿着的特殊裝備

 ○ 乘坐稱為 Astrovan 的客貨車前往火箭發射塔（Astrovan 是一輛專門接載太空人的客貨車！）

 ○ 與家人、朋友和支持者揮手道別

 ○ 乘搭升降機抵達發射塔的頂層

 ○ 進入細小的太空艙裏，坐在舒適的座位上，並扣好安全帶

`-03:00:00`

倒數

倒數的時間是往後數算的，因此「倒數計時兩分鐘」代表發射前還有兩分鐘。最後十秒倒數會透過一個聲音響亮的擴音器進行：

十、九、八、七、六、五……

發射！

你會聽到火箭引擎發動之際那轟隆的巨響，並感受到火箭噴射加速時的震動……

燃料缸掉落，火箭鼻錐脫離。

推進器掉落。

下一站，太空！

火箭推進器發射。

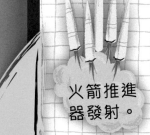

掉落！

在火箭的部件掉落時，你會聽見響亮的砰砰聲。不用害怕！太空人在火箭頂部的小艙裏非常安全。燃料缸、鼻錐和其他部件完成了它們的任務後，便會逐一掉落。

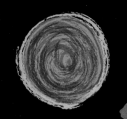

太陽

在你前往太空之際，來學習一些關於太陽的知識吧。每一個太空人都需要認識太陽，它是一顆普通的恆星，但對我們來說它是與別不同的，因為它的光芒照亮了我們的星球，並讓我們保持溫暖。

尺寸

太陽極其巨大，你可以將超過 100 萬個地球放進太陽裏，太陽在我們眼中看起來很細小，那是因為它位於遙遠的地方。

找找看

你能在大圖中找出以下這些東西嗎？

○ 表面：太陽的表面不是固體，而是熊熊燃燒着的氣體。

○ 太陽閃焰：一些捲曲的大型火焰，比地球還要巨大，它們會飛散入太空中。

○ 太陽黑子：太陽表面較低溫的區域，看起來比較暗。

○ 太陽探測器：一艘不會接載任何太空人的太空船，會蒐集關於太陽的資料。

太空安全

就像身處地球上一樣，你在太空時也需要好好保護眼睛，避免受太陽明亮的光線傷害。

- 當你進行太空漫步時，要拉下太空衣上的有色面罩。
- 當你在太空船裏望出窗外時，要戴上太陽眼鏡。

温度

太陽的表面温度是攝氏5,500℃，一個很熱的烤箱温度一般只有攝氏 250℃。

距離

太陽和地球之間相距大約 1.5 億公里。要抵達太陽，超高速的太空船也需要飛行超過 150 天。

理論課 3
請剔
這裏
通過

太陽系

太陽系是由太陽和8顆圍繞它運行的行星組成的，地球是太陽系其中一顆行星！

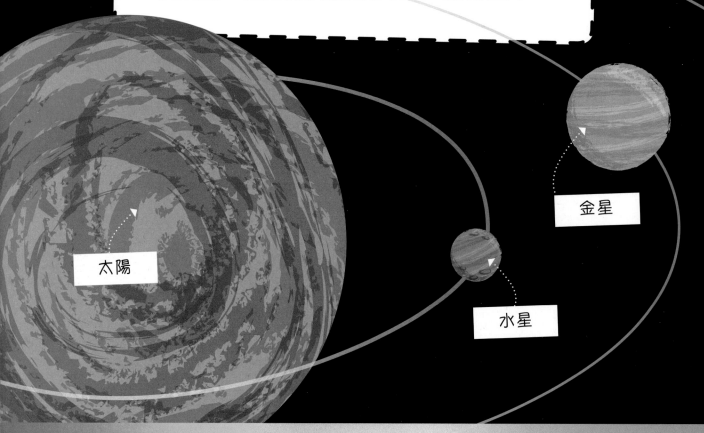

太陽

金星

水星

水星
熱力沸騰

水星面向太陽的一面酷熱無比，而另一面則冷……冷……冷得不得了。

金星
太熱了

這顆熾熱的行星布滿了厚厚的雲層和死寂的火山。

地球
完美溫度

我們的地球是唯一能讓動物和植物生存的行星。

火星
太冷了

這顆紅色的行星常常被旋轉的沙塵暴所覆蓋着。

是岩石還是氣體？

水星、金星、地球和火星是由岩石組成的，但木星、土星、天王星和海王星都是一大團氣體。如果你站在一顆氣體行星上，你會直接往下墜落，穿過這顆行星！

天王星

海王星

火星

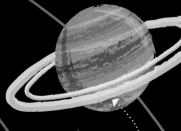

地球

木星

土星

重要小提示！

請試試用一句傻乎乎的句子來幫助你記憶太陽系行星的排列次序吧，句子裏有底線的字詞都代表了一顆行星：

水池裏金色的草地起火了，木頭人帶着泥土找天使換領海水。
　↑　　↑　　　　↑　↑　　↑　　　　　↑　↑　　↑
　水星　金星　　地球　火星　木星　　　土星　天王星　海王星

你也試試自行創作你的句子吧！

木星	土星	天王星	海王星
更冷了	又更冷了	瑟瑟發抖	酷寒刺骨

這是太陽系中最巨大的行星，它擁有 79 顆衛星。

這顆行星被岩石和冰塊組成的環圍繞着。

天王星是由冰冷的物質環繞着岩質中心流動而形成的。

這顆冰冷的藍色行星會颳起太陽系中最強烈的風。

矮行星

矮行星是一個岩石球，外面被冰層包裹，例如：穀神星。冥王星是太陽系最巨大的矮行星，但它比我們的月球還細小。

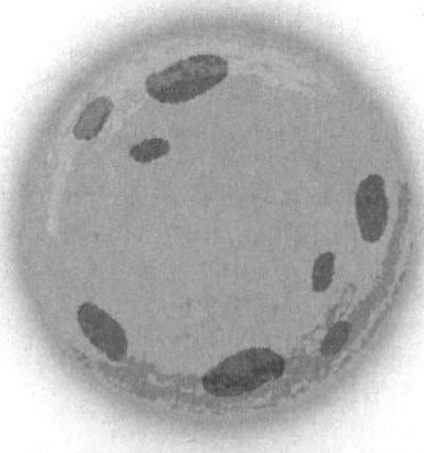

穀神星

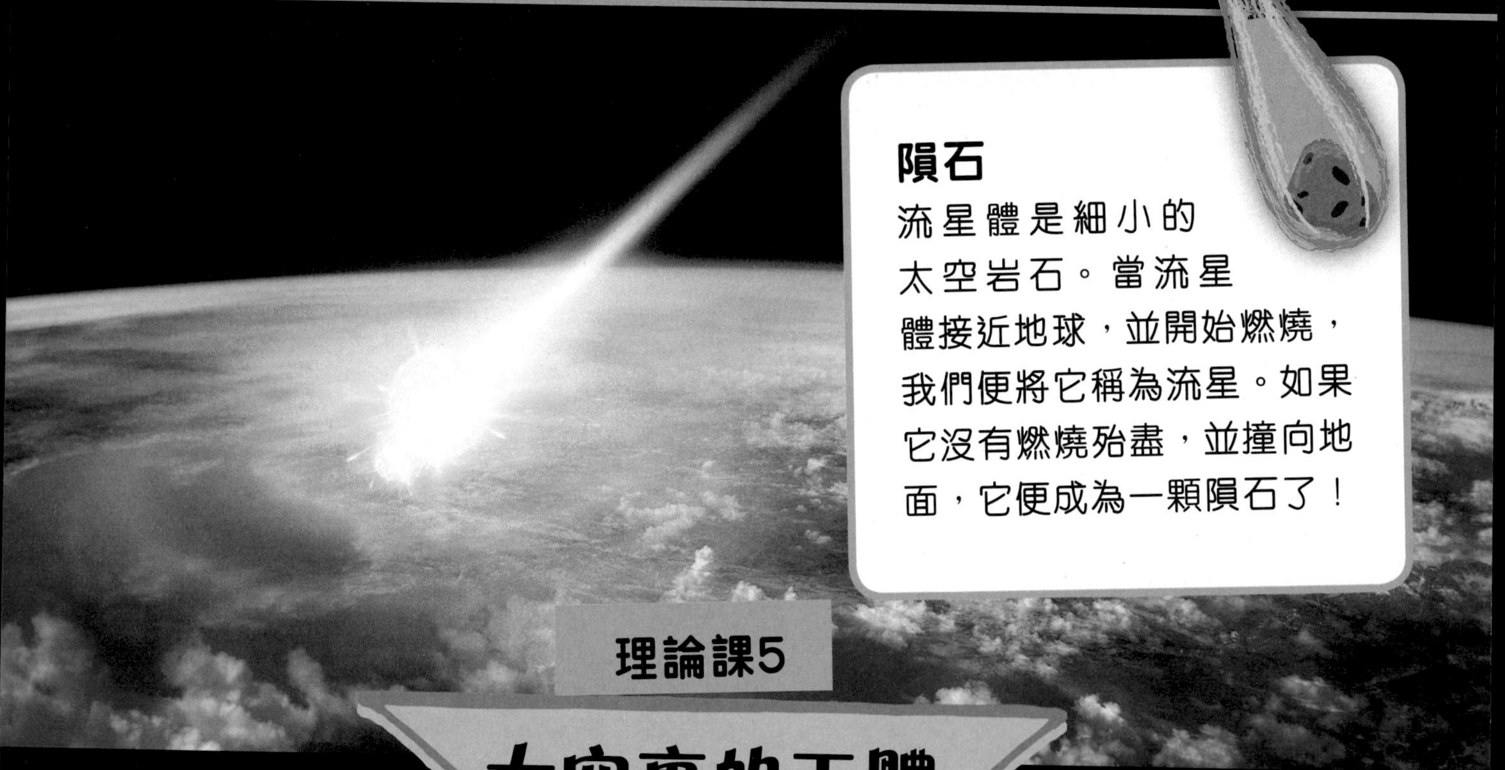

隕石

流星體是細小的太空岩石。當流星體接近地球，並開始燃燒，我們便將它稱為流星。如果它沒有燃燒殆盡，並撞向地面，它便成為一顆隕石了！

理論課5

太空裏的天體

除了行星，太空裏還有其他天體到處飛掠而過，有些是巨大的岩石與冰塊，有些則是微小的塵埃。

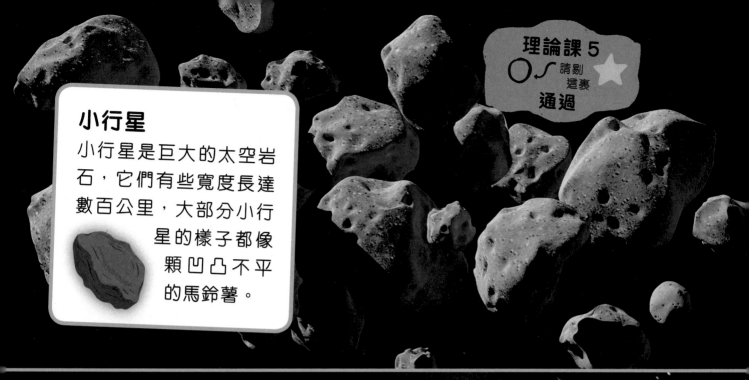

小行星

小行星是巨大的太空岩石，它們有些寬度長達數百公里，大部分小行星的樣子都像顆凹凸不平的馬鈴薯。

彗星

彗星是巨大的骯髒冰塊。當它飛越太陽時，它的溫度會上升，並在身後留下一條明亮的氣體尾巴。

洛弗喬伊彗星

如何能看見流星？

當人們看見星星掠過夜空，它其實就是流星！人們發現有許多定期出現的流星雨，例如：英仙座流星雨會在每年 7 月 17 日至 8 月 24 日出現。

月球

請你快穿上太穿衣，準備降落吧！你已經抵達月球了！月球是與地球最相近的鄰居，也是你的太空訓練中第一個目的地。

請在月球上找出正確的路徑，前往終點吧。

起點

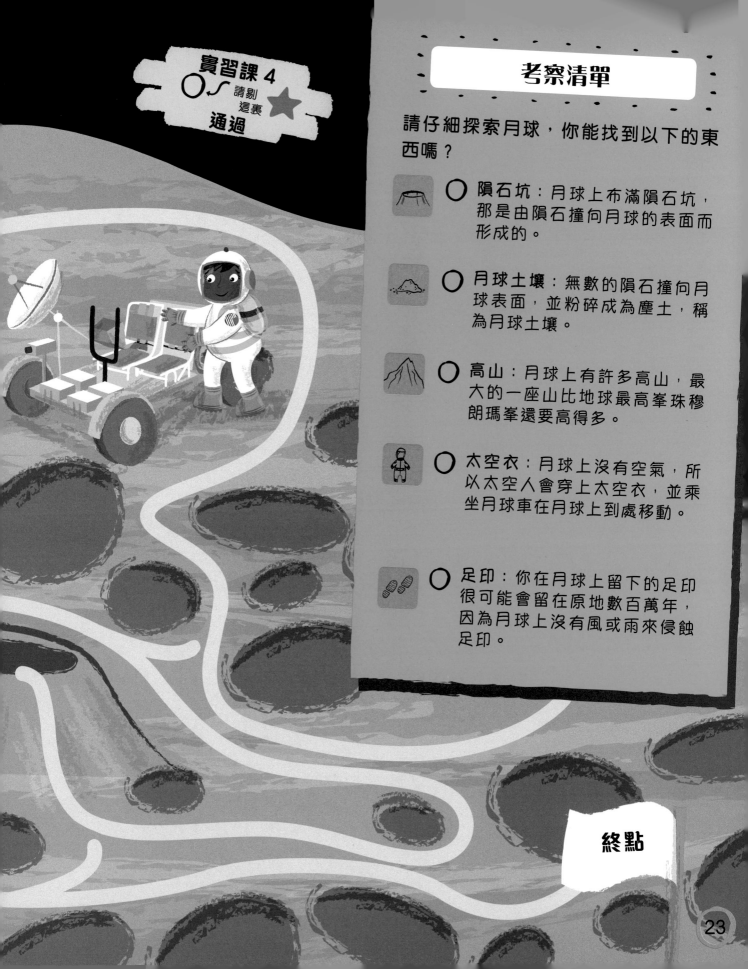

考察清單

請仔細探索月球,你能找到以下的東西嗎?

○ 隕石坑:月球上布滿隕石坑,那是由隕石撞向月球的表面而形成的。

○ 月球土壤:無數的隕石撞向月球表面,並粉碎成為塵土,稱為月球土壤。

○ 高山:月球上有許多高山,最大的一座山比地球最高峯珠穆朗瑪峯還要高得多。

○ 太空衣:月球上沒有空氣,所以太空人會穿上太空衣,並乘坐月球車在月球上到處移動。

○ 足印:你在月球上留下的足印很可能會留在原地數百萬年,因為月球上沒有風或雨來侵蝕足印。

終點

23

1942 年

德國火箭 V2 是第一枚成功抵達太空的火箭，當時火箭飛行到距離地球表面 100 公里的地方。

1961 年

俄羅斯太空人尤里·加加林（Yuri Gagarin）成為第一個抵達太空的人類，他乘坐東方 1 號太空船在太空飛行了 108 分鐘。

1957 年

史普尼克號是第一枚被送往太空的人造衛星，這個小小的金屬球會環繞地球運行，發出嗶嗶的聲音，全球各地的無線電操作員都能聽見。

1957 年

萊卡 (Laika) 是俄羅斯的太空犬，牠乘坐太空船史普尼克 2 號到達太空，成為第一隻環繞地球運行的動物。

理論課6

太空任務

多年來，人類發射了數以千枚的火箭，以執行各種太空任務。現在我們一起看看這些太空任務吧。

1969 年

第一個太空人在月球上漫步，並安全地乘坐太空船阿波羅 11 號返航。月球是太空裏唯一有人類到訪過的星體。

2000 年

第一支太空人團隊遷入了國際太空站。

1981 年

太空穿梭機是第一種能夠使用超過一次的太空船，它能夠安全地在跑道上着陸，就像飛機一樣。迄今面世的 5 架穿梭機合共進行了 135 次太空飛行。

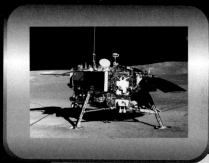

2019 年

中國的嫦娥 4 號首次達成了在月球背面登陸的太空任務，月球背面即是永遠背向着地球那一面的地方。

你的任務

在這裏寫上你想執行的太空任務吧！

日期：＿＿＿＿＿＿＿＿

火箭名稱：＿＿＿＿＿＿

任務：＿＿＿＿＿＿＿＿

理論課 6
○✎ 請剔這裏
通過

25

星系

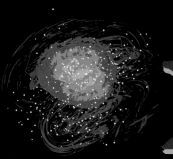

橢圓星系

從地球觀看，這些光亮的球體看似夜空中一顆巨大的星星，因為星系裏的星體都聚集在一起。

不規則星系

這種星系可能看似雲朵、長木板、污跡或是奇怪的扭曲線條。

你在夜空中看見的光芒，有些並不是星星，而是星系。星系是由數以十億計的星星結集在一起而形成的，它們有不同的形狀和大小。

螺旋星系

螺旋星系擁有旋臂，從星系中央的大羣星體之中迴旋伸展出來。

銀河系

地球、太陽和太陽系中的所有行星都位於一個螺旋星系之中，這個星系稱為銀河系。

望向清朗的夜空時，你可能看見銀河系的其中一條旋臂！

你在這裏！

理論課7
請剔這裏
通過

1. 盡力追上太空站！

國際太空站圍繞着地球運行，快驅動你的太空船進入軌道，來到太空站的前方吧。

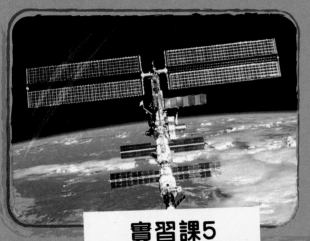

2. 逐漸靠近……

現在，你與太空站正在相同的軌道上飛行，你要放慢速度，讓太空站追上你。

實習課5

前往國際太空站

太好了！你即將抵達國際太空站。現在你要做的，就只是停泊好太空船，並進入太空站裏。這真是輕鬆不過了，對吧？

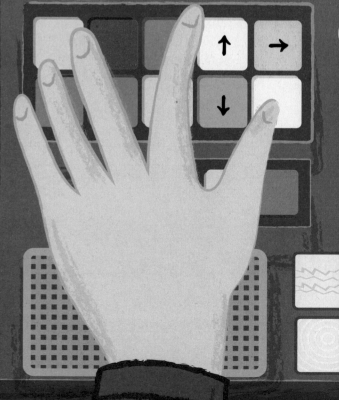

開　關

3. 互相連接

與太空站的對接艙對齊，並繼續放慢，直至你與太空站連接起來。

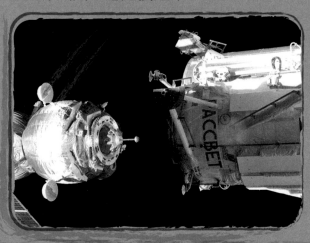

彈出

4. 你做到了！

呼！現在打開太空船的艙口，飄過通道，與太空站的工作人員見面吧。

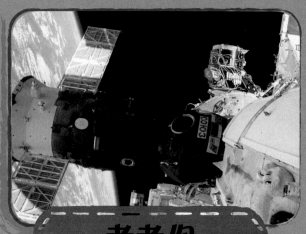

考考你

加速

請找出這兩張圖片中 3 個不同之處。

站立

在地球上……
你的雙腳會牢固地停留在地面上站立，除非你絆倒了，才會跌倒在地上。

在太空裏……
在太空船上，你會飄浮起來。你需要將雙腳扣在欄杆或固定環上，來保持穩定。

頭髮豎起

在地球上……
長長的頭髮會被引力拉扯而垂下來，你需要用束髮帶或是髮膠才能將頭髮支撐起來。

在太空裏……
長長的頭髮會往上飄起來，因為太空裏只有非常微弱的引力。

理論課8

引力

引力是一種隱形的力，在地球上能將你拉向地面。太空裏沒有太多引力，因此你會飄浮起來！

喝水

在地球上……
往玻璃杯倒水時，引力會將水往下拉，令水流進杯裏。

在太空裏……
液體會結成一團到處飄浮，因此飲品需要用飲管飲用，或是大口吞吃下去。

打掃清潔

在地球上……
你可以將自己的衣服丟在睡房的地板上，它們會留在原地，直到你將它們拾起來。

在太空裏……
所有東西都必須用夾子、黏貼膠帶、磁石或是魔術貼固定着，否則太空站便會充滿飄來蕩去的雜物。

太空人小貼士
在太空飄浮可能令你覺得噁心，因為你的胃分辨不出哪一邊是上面，哪一邊是下面！記得拿出嘔吐袋來備用啊。

理論課 8
請剔這裏
通過

太空裏的生活

現在你已經登上國際太空站了，我們來參觀一下吧。

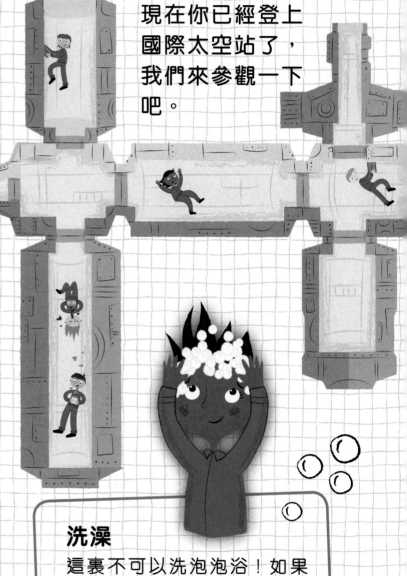

吃晚餐了

國際太空站裏塞滿了食物包，只要在食物包中加水或加熱食物，晚餐就預備好啦！

真美味！

洗澡

這裏不可以洗泡泡浴！如果你的雙腳開始發出臭味，你便需要用濕毛巾和肥皂來清洗它們！

ZZZZZZ

古怪的晚上……

這裏是國際太空站的睡房，你看見那些被捆綁在牆壁上的睡袋嗎？它能防止你在晚上睡覺時飄走！

咂！

對接埠

揮灑汗水

作為太空人，你需要保持強壯，記得要定期做運動鍛煉身體。

太空裏的廢物！

國際太空站裏的廁所有一根喉管，用來吸走你的小便，還有一個具有抽吸孔的坐廁，用來處理你的大便。

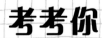

考考你

你能找出以下的空間嗎？

○ 廚房　　○ 睡房
○ 健身室　　○ 廁所

做實驗

太空人會以植物、動物和自己的身體來做實驗，看看這些實驗對象來到太空後會產生什麼變化。

你可以栽種植物，例：生菜、豌豆和蘿蔔。

實習課7

太空裏的工作

是時候開始忙碌工作啦！國際太空站就像一個巨型實驗室，來自不同國家的太空人都在這裏工作。

例行雜務

你要花時間維修損壞的零件、測試電腦、還要進行安全檢查，確保一切運作順暢無礙。你也要花時間吸塵和打掃清潔，以保持太空站乾淨整潔。

收集你的痰涎、血液和皮膚的樣本，來進行各種實驗。哎，真噁心！

研究蠕蟲、螞蟻、蜜蜂和老鼠，看看牠們在太空裏有何表現。

考考你

你能夠在國際太空站中找到這些東西嗎？

生菜

扳手

耳機

拍照

來為身處太空站的生活，還有窗外地球的懾人景色拍下大量照片，然後，將照片上傳到網上，讓身處地球的人們欣賞。

❋ **穹頂艙**

穹頂艙是國際太空站上一個寬大的窗戶，能讓太空人眺望地球。

與地球聯繫

你也許身處地球上空數百公里外，但你還是可以跟地球上的人們保持聯絡。

您好，媽咪！

用無線電波打招呼

太空船會利用無線電波與地球通訊，無線電波是一種隱形的信號，會把資訊發射到我們的電視、收音機和手提電話去。世界各地巨大的碟形人造衞星天線負責接收由太空發射出來的無線電波。

與家人通話

登上太空站後，你可以和家人透過一部特殊的電話談天說地，你甚至可以與家人進行視像通話。

有人在嗎？

太空站會發出無線電波，這些無線電波需要環繞地球前進，才能抵達任務控制中心。地球上的碟形人造衛星天線會接收這些無線電波，並將無線電波反彈到太空的人造衛星，而人造衛星又將無線電波反彈到另一個碟形天線去；無線電波就這樣上下移動，直至抵達任務控制中心為止。

活動時間

當兩個無線電波相遇時，我們便會受到干擾。來一起試試看，啟動你的收音機，然後將手提電話放在它附近，收音機的聲音是不是變得很刺耳？那就是無線電波之間的互相干擾了！

任務控制中心

在地球上有一間特別的房間，裏面擠滿了人，他們正利用電腦追蹤你的太空任務，這間房間稱為「任務控制中心」，它負責控制國際太空站裏的許多事情，例如：每天早上，亮起國際太空站裏面的電燈！

國際太空站設有一根機械臂，由身在太空站裏的太空人控制。

太空垃圾

進行太空漫步時，儘量不要掉下任何東西，螺帽、螺栓和螺絲一旦飛脫掉進太空，便永遠無法拾回來了。

最長的太空漫步持續了9個多小時。

實習課8

太空漫步！

有時候，太空人會離開國際太空站，進行太空漫步。他們會在太空裏維修物件，或是展開實驗！

太空衣會供給你呼吸的空氣，並令你保持溫暖。另一方面，太空衣厚重又令人難以活動。

請試試帶上你最厚的手套來刷牙吧！

繫帶是一根纜繩，將你和國際太空站連接起來，好讓你不會飄走！

工具包

太空人正在替換國際太空站裏缺少了的零件。你能在圖中找出這些零件的位置嗎？

實習課 8

請剔這裏

通過

分離

首先將你的太空船與國際太空站分離,並點燃引擎,令你減慢速度,好讓你能安全地返回地球。

回歸地球

你的任務結束了,是時候出發回家。回歸地球的過程稱為「重返大氣層」,那是一場非常顛簸的旅程!

重返大氣層工作清單

○ 收拾好你的個人物品,還有你的科學實驗樣本,放進太空船裏。

○ 穿上為發射升空而設的特殊太空衣。

○ 和國際太空站上的朋友揮揮手說再見。

○ 登上「下降模組」,並關上艙門。

○ 舒服地窩在座位上,並緊緊綁上安全帶。

○ 等候任務控制中心發出信號。

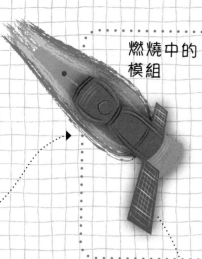

燃燒中的
模組

燃燒

當你離開太空時，
你的下降模組移動
速度會快得起火，
不過你在模組裏會
受到保護。

你會坐在中央
的模組裏。

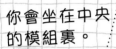

分裂

砰！砰！那是太空船
分裂成幾部分的聲音。
不過，你毋須驚慌，你
不需要掉落的那些部
件，只有下降模組最終
能回到家園。

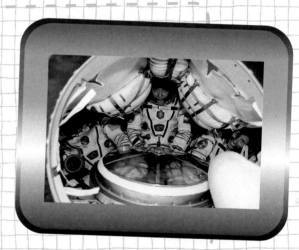

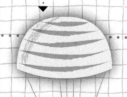

別擔心！
這很安全
的。

降落

降落傘會打開，以
減慢你下降的速度。

到達地面！

你會抵達地面或大海，艙門會打開，
而地面的工作人員會幫助你從下降
模組裏走出來。

實習課 9
請剔
這裏
通過

41

阿列克謝・列昂諾夫
(Alexey Leonov)

這位俄羅斯太空人進行了史上第一次太空漫步，他在太空裏飄浮了 12 分鐘。

萊卡 (Laika)

這隻俄羅斯小狗成為史上第一隻乘坐太空船環繞地球運行的動物。

史蒂芬・霍金
(Stephen Hawking)

霍金是一位太空專家，他對於宇宙的誕生有着很多重要的發現。

劉洋 (Liu Yang)

劉洋是第一位進入太空的中國女性太空人，她在 2012 年 6 月與另外兩名團隊成員一同升空。

太空名人館

瓦倫丁娜‧捷列什科娃
(Valentina Tereshkova)

捷列什科娃是第一位進入太空的女性，她環繞地球運轉了 48 次。

尤里‧加加林
(Yuri Gagarin)

這位俄羅斯太空人成為第一位進入太空的人類，他環繞地球飛行了 1 次。

尼爾‧岩士唐
(Neil Armstrong)

這位美國太空人是歷代最鼎鼎有名的其中一人，因為他是在月球上漫步的第一人！

蓋恩‧小布盧福德
(Guion Bluford Jr.)

小布盧福德是第一位進入太空的非裔美國人，他也是首次以單艘太空船運載 8 人的太空飛行任務的參與成員之一。

這些太空探險家憑藉他們的太空歷險創造了歷史，你會成為下一位太空名人嗎？

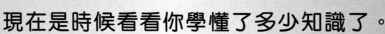

現在是時候看看你學懂了多少知識了。

1 國際太空站位於地球上空多遠？

   a) 3公里

   b) 35公里

   c) 350公里

2 以下哪一個是星座的名稱？

   a) 天鵝座

   b) 白鵝座

   c) 小鵝座

3 太陽系中有多少顆行星？

   a) 2顆

   b) 8顆

   c) 28顆

4 太陽系的行星環繞着什麼運行？

   a) 太陽

   b) 星系

   c) 月球

5 小行星和流星是什麼？

   a) 行星

   b) 太空岩石

   c) 火箭

6 月球上的巨大坑洞叫什麼名字？

   a) 沙坑

   b) 月洞

   c) 隕石坑

7 以下哪句句子是正確的？

   a) 月球上非常大風。

   b) 月球上永遠不會颳風。

   c) 月球上有時會很大風

8 地球所在的星系是什麼名字？

   a) 大河系

   b) 薄荷系

   c) 銀河系

9 以下哪句句子是錯誤的？

　　a) 國際太空站會圍繞着地球運行。

　　b) 國際太空站會停留在太空中相同的地方。

10 當你看見星星掠過，你實際上是看見了什麼？

　　a) 彗星

　　b) 矮行星

　　c) 流星

11 地球上將你黏在地面的隱形力量是什麼？

　　a) 地力

　　b) 沉力

　　c) 引力

12 在太空裏，你會發生什麼事？

　　a) 你會飄浮起來。

　　b) 你會沉下去。

　　c) 你會縮小。

13 進行太空任務時，地球上負責控制的地方叫什麼名字？

　　a) 宇宙控制中心

　　b) 太空船控制中心

　　c) 任務控制中心

14 太空人離開太空船進入太空，這個過程被稱為什麼？

　　a) 太空漫步

　　b) 太空登山

　　c) 太空飛行

太空人評分指引

翻到本書後方核對答案，並將你的得分加起來吧。

　　1至5分　　在你參與另一次太空任務前，你需要加緊學習太空知識。

　　6至10分　　只要多加學習及訓練，你便能成為出色的太空人。

　　11至14分　　名列前茅！你將成為一流的太空人。

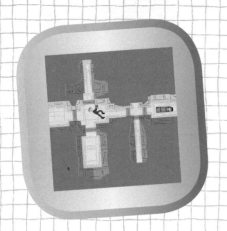

太空術語

人造衛星 satellite
信息收發器，會在太空裏圍繞行星運轉。

下降模組 descent module
太空船用於返回地球的部分。

大氣層 atmosphere
包圍住行星的氣體層，地球上的大氣層被稱為空氣。

任務控制中心 Mission Control
地球上一間特別的房間，人們在這裏與太空船和國際太空站通訊。

重返大氣層 reentry
指太空船返航時進入大氣層。

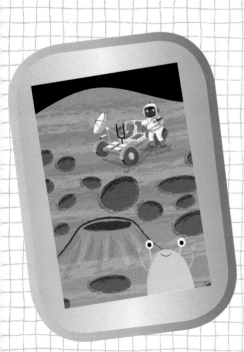

運行 orbit
指依循一條彎曲的路徑，圍繞一顆行星或恆星移動，這條路徑稱為軌道，例如：地球圍繞太陽運行。

隕石坑 crater
在月球或行星表面上的洞，通常是由太空岩石撞擊星體而造成。

對接埠 docking port
太空船與太空站連接的地方。

銀河系 Milky Way
太陽系所在的星系名稱。

模組 module
太空船的一部分。

模擬器 simulator
一部機器,能夠重現一個場景或情況,讓人能
夠練習如何完成一項任務。

離心機 centrifuge
快速旋轉的機器。

太 空 學 院

做得好!
你已成功完成
第一次太空任務。

姓名：...

太空人

合格

答案

P7
3個不同之處如下：

P12-13
各星座在下圖中以圓圈圈出來。

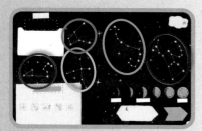

天鵝座在綠圈中。

天蠍座在藍圈中。

獅子座在紅圈中。

獵戶座在粉紅圈中。

武仙座在紫圈中。

P16-17
要尋找的地方在下圖中以箭咀和圓圈圈出來。

表面是太陽外側所有範圍，見黃色箭咀。

太陽閃熖在綠圈中。

太陽黑子在藍圈中。

太陽探測器在白圈中。

P22-23

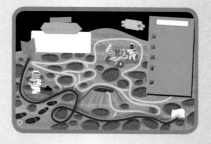

P29
3個不同之處如下：

P32-33
要尋找的空間在下圖中以圓圈圈出來。

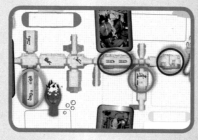

廚房在綠圈中。

健身室在藍圈中。

睡房在在紅圈中。

廁所在粉紅圈中。

P34-35
要尋找的東西在下圖中以圓圈圈出來。

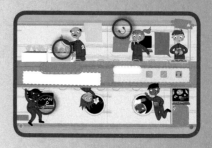

P38-39
缺少了的零件在下圖中以圓圈圈出來。

P44-45
1c 2a 3b 4a 5b 6c 7b 8c
9b 10c 11c 12a 13c 14a